BASIC
HAIR COLORING
스터디 가이드 북

양은진 · 진용미

메디시언

BASIC
HAIR COLORING
스터디 가이드 북

2015년 9월 25일 초판 인쇄
2015년 10월 1일 초판 발행

저 자 양은진 / 진용미

발행인 주 병 오

발행처 메디시인

경기도 파주시 회동길 209
파주출판문화정보산업단지

영업팀 (031)955－7566 · 7577
편집디자인팀 (031)955－7731
F A X (031)955－7730
홈페이지 www.ji-gu.co.kr
이메일 jigupub@hanmail.net

ISBN 979－11－86739－05－1

값 10,000원

머리말

염색을 통해 모발에 색을 입히고 헤어스타일을 창출하는 일은 헤어디자이너에게 마치 화가가 그림을 그리는 것처럼 창조적인 작업입니다. 그러나 염색은 염색약과 더불어 여러 가지 화학적 약품을 사용하므로 이에 대한 지식과 염색을 만들어내는 스킬이 필요하므로 이론적 지식과 테크닉의 숙달이 필요합니다.

본 교재에서는 염색의 역사를 시작으로 염색 디자인에 필요한 이론적 지식과 실기적인 부분을 다양하게 연습할 수 있도록 내용을 구성하였습니다.

"BASIC HAIR COLORING STUDY GUIDE BOOK"이 염색을 배우고자하는 학생들을 위한 좋은 지침서가 되기를 바랍니다.

바쁘신 와중에도 본 교재가 출간될 수 있도록 애써주신 지구문화사/메디시언 임직원여러분께 감사의 마음을 전합니다.

을미년 만추에
저자 씀

차례

Lesson 1 헤어컬러링 역사와 도구

Lesson 2 모발 이론

Lesson 3 색채이론

Contents

차례

Lesson 8 중간고사

Lesson 9 염색 기초이론

Lesson 10 탈색테크닉 : 레벨스케일 실습

Lesson 11 염색테크닉 실습

Contents

Lesson 12 헤어컬러트랜드 연구 및 계획

Lesson 13 디자인 실습

Lesson 14 기말고사

Lesson 1

헤어컬러링의 역사와 도구

학습목표

- 헤어컬러의 역사에 대해 설명할 수 있다.

1. 시대별 헤어컬러링의 변천사

시대별 헤어컬러링의 특징에 대해 알아보기

(1) 고대 헤어컬러링

① 이집트 시대(B. C. 3200년경)

② 그리스 시대(B. C. 3000~B. C. 400년경)

③ 로마 시대 (B. C. 8~3세기)

(2) 중세 헤어컬러링

① 비잔틴 시대 (4~10세기)

② 로마네스크 시대 (11~13세기)

③ 고딕 시대 (14~15세기)

(3) 근세 헤어컬러링

① 르네상스 시대 (16세기)

② 바로크 시대 (17세기)

③ 로코코 시대 (18세기)

(4) 근대(19세기)헤어컬러링

① 엠파이어 시대

② 로맨틱 시대

③ 크리놀린 시대

④ 버슬 시대

(5) 현대 헤어컬러링

(6) 2000년대 헤어컬러링

2. 도구사용법과 관리

학습목표

- 도구 및 기구의 사용 목적에 대해 설명할 수 있다.
- 도구 및 기구의 올바른 소독법과 유지 관리에 대해 설명할 수 있다.
- 헤어컬러링에 사용되는 다양한 제품에 대해 설명할 수 있다.

(1) 헤어컬러링에 활용되는 도구

제 품	도구이름	사용목적 및 사용방법
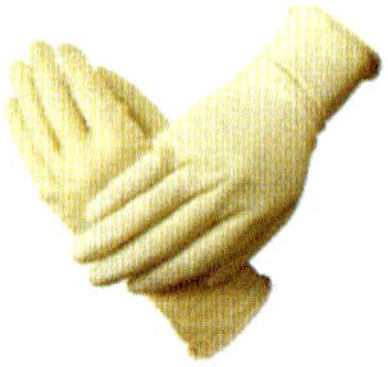		

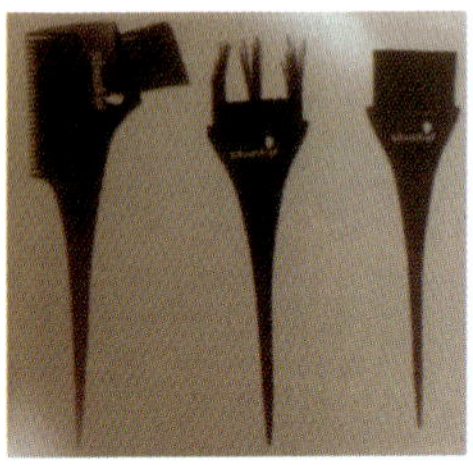		
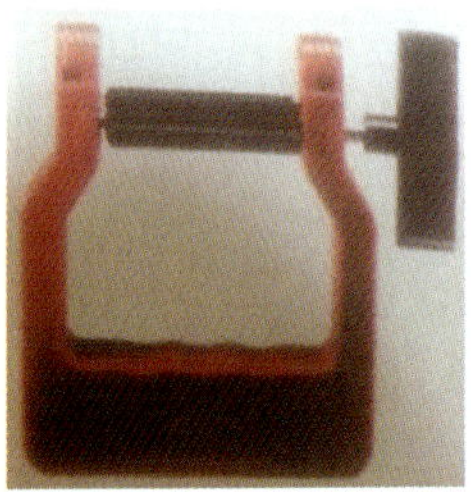		

(계속)

제 품	도구이름	사용목적 및 사용방법

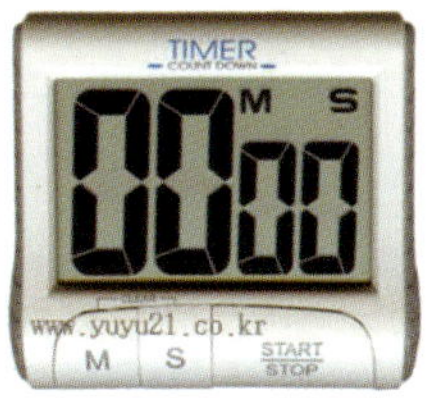		

(계속)

제 품	도구이름	사용목적 및 사용방법
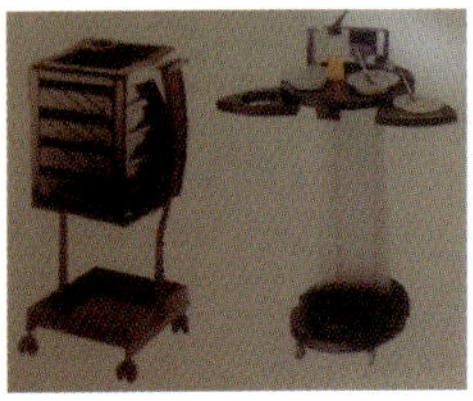		

(계속)

제 품	도구이름	사용목적 및 사용방법
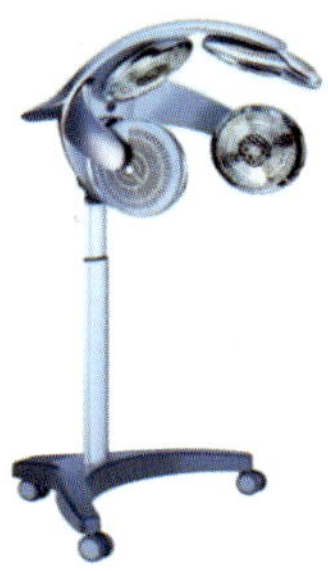		
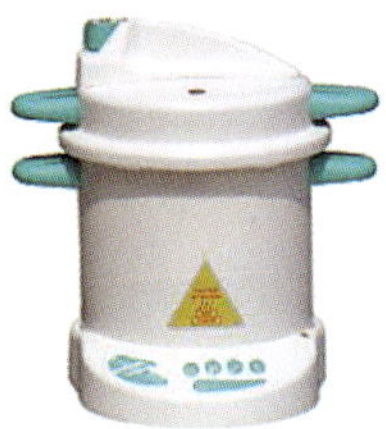 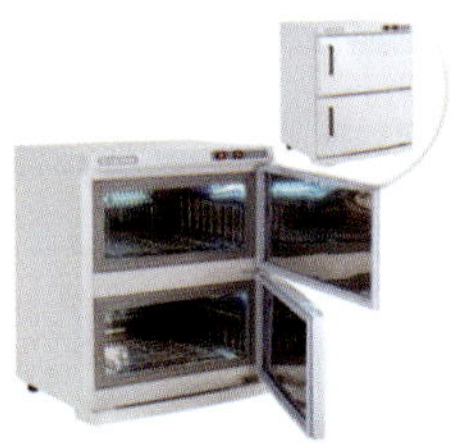		

(2) 헤어컬러링에 사용되는 제품

제 품	도구이름	사용목적 및 사용방법

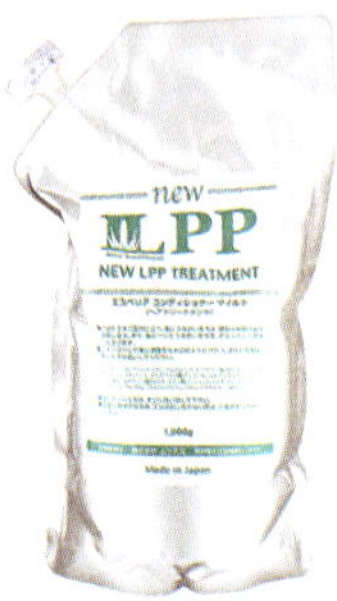		

(계속)

제　품	도구이름	사용목적 및 사용방법

(3) 헤어 컬러링에 사용되는 도구와 기구소독 및 제품의 관리방법

① 도구 및 기구의 소독방법

② 제품의 올바른 보관 및 관리방법

(4) 안전하고 위생적인 실습

① 실습장소의 안전과 위생을 유지할 수 있는 방법

② 실습자의 안전과 위생을 유지할 수 있는 방법

③ 고객의 안전과 위생을 유지할 수 있는 방법

Lesson 2

모발 이론

학습목표

- 모발의 구조와 특성을 알 수 있다.
- 멜라닌의 종류와 차이를 알 수 있다.
- 멜라닌 타입에 따른 밝기와 차이를 알 수 있다.

1. 모발의 기능과 구조

(1) 모발의 기능

(2) 모발의 구조(모근부)

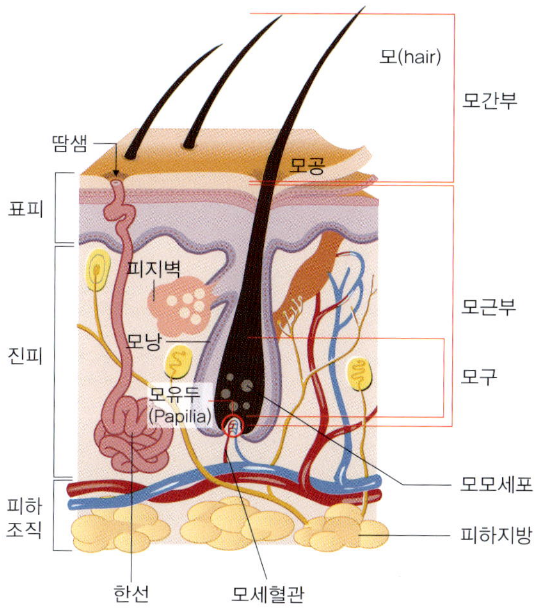

① 모낭

② 모구

③ 모유두

④ 모모세포(모기질)

⑤ 기모근(입모근)

(3) 모발의 성장주기

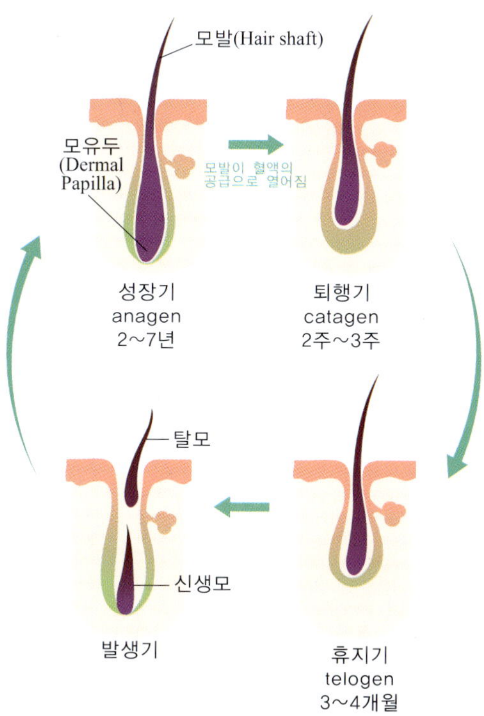

① 성장기(Anagen)

② 퇴행기(Catagen)

③ 휴지기(Telogen)

(4) 모발의 구조(모간부)

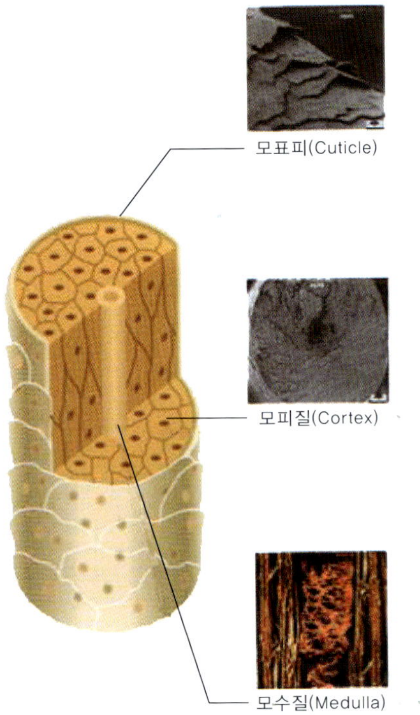

비 율	모양/구성	성 질	비 고

(5) 모발의 구성

(아미노산 기본구조)

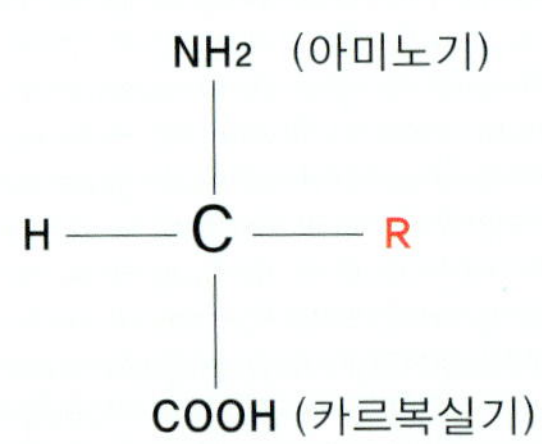

"R" 부분의 분자배열에 따라 아미노산의 종류가 결정된다.

check point

모발의 화학적 결합

모발은 아미노산의 결합물질로 아미노산의 카르복실기와 아미노기의 펩타이드결합(탈수축합반을 통한 전자공유결합)이 기본결합구조이다. 이러한 펩타이드결합의 반복을 폴리펩타이드결합이라 하며, 여러개의 폴리펩타이드결합이 측쇄결합(이온결합, 시스틴결합, 수소결합)을 통해 모발의 기본물질인 케라틴단백질로 이루어진다.

① 펩타이드결합

② 이온결합

③ 시스틴결합

④ 수소결합

(6) 모발의 구성 성분

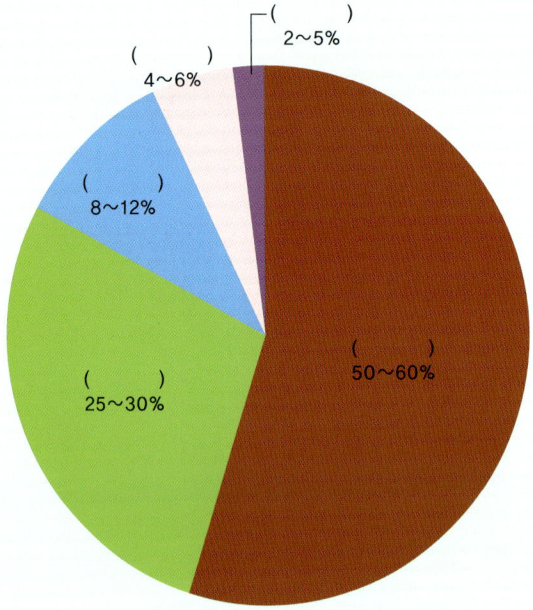

(7) 모발의 구성 물질

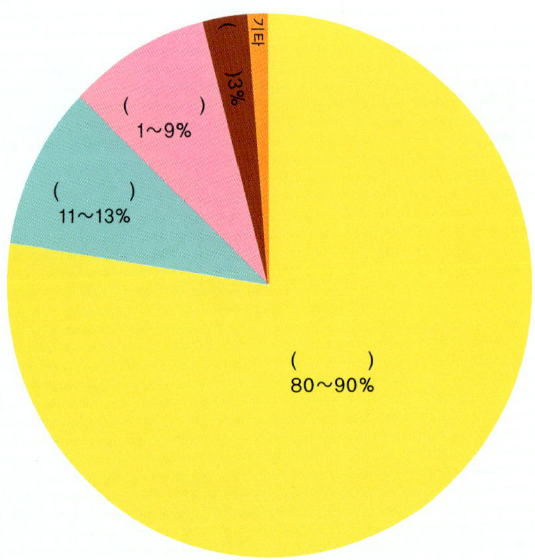

2. 모발의 특성

(1) 화학적 특성

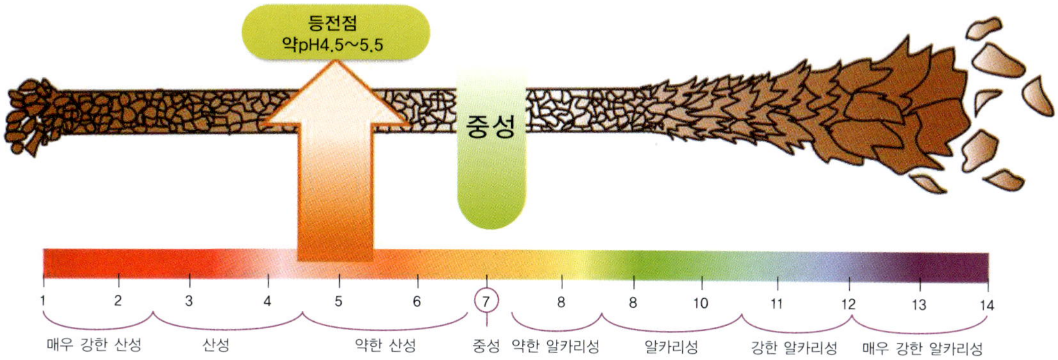

① pH란?

② 산성과 모발의 관계

③ 알칼리와 모발의 관계

④ 모발의 등전점

(2) 물리적 특성

① 열변성

② 광변성

③ 대전성

④ 흡수성

⑤ 팽윤성

⑥ 강도와 신장도

⑦ 탄력성

(3) 일반적 특성

① 굵기와 길이

② 밀도

③ 성장속도

3. 멜라닌의 이해

① 사람이 가지고 있는 자연색소로서 자외선으로부터 두피를 보호한다.
② 유전이나 환경에 따라 모발의 색조, 강도, 밝기 등의 차이가 난다.
③ 모발의 경우 모모세포의 끝부분의 멜라노사이트(melanocyte)에서 만들어진다.

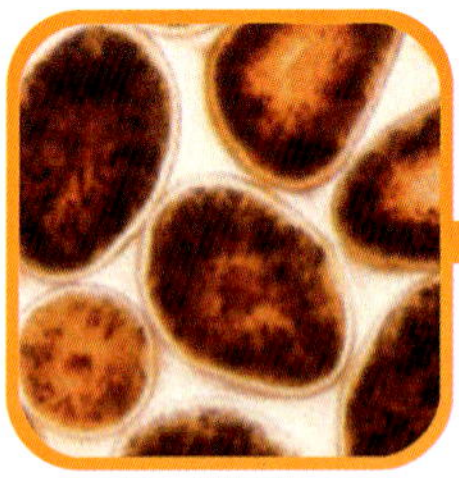

유멜라닌(Eu-melanin)

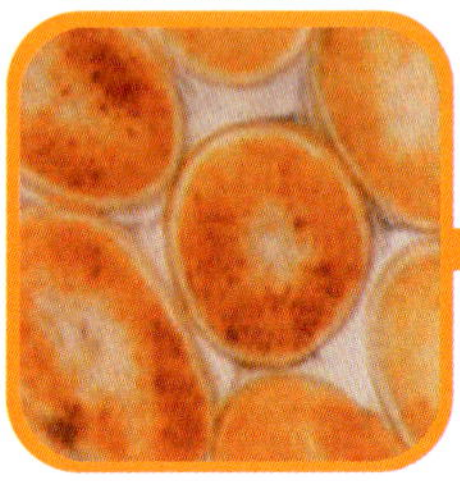

페오멜라닌(Pheo-melanin)

(1) 모발색과 멜라닌 색소와의 관계

모발의 색	Eumelanin	Pheomelanin
흑갈색	많음	미량
밤색	중간	적음
적색	적음	중간
금색	미량	많음
백색	미량	미량

(2) 인종에 따른 모발의 색

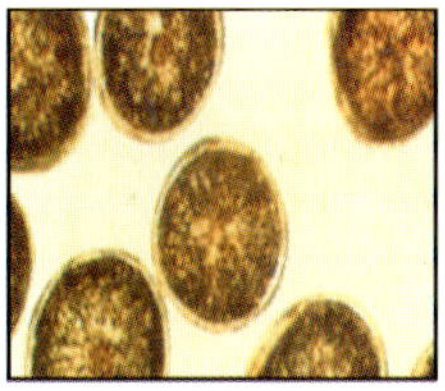

아시아인의 모발

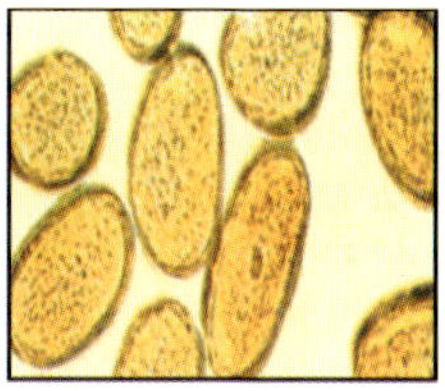

유럽인의 모발

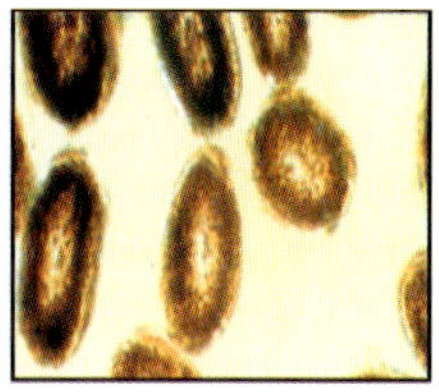

아랍인의 모발

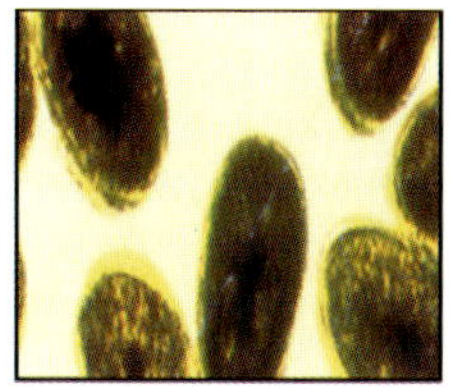

아프리카인의 모발

Lesson 3

색채이론

학습목표

- 색의 개념을 알 수 있다.
- 색의 종류, 색의 성립의 원리를 알 수 있다.
- 색의 삼속성과 삼원색을 알 수 있다.

1. 색의 개념

색이란? 빛을 흡수하고 반사하는 결과로 나타나는 사물의 밝고 어두움이나 빨강, 파랑, 노랑 따위의 물리적인 현상

2. 색의 이미지

(1) 색상에 따른 이미지

파랑색

녹색

노랑색

오렌지

빨강색

핑크색

보라색

3. 색의 삼속성과 삼원색

(1) 색의 종류

① 무채색

② 유채색

(2) 색의 삼속성

① 색상

② 명도

③ 채도

(3) 색의 삼원색

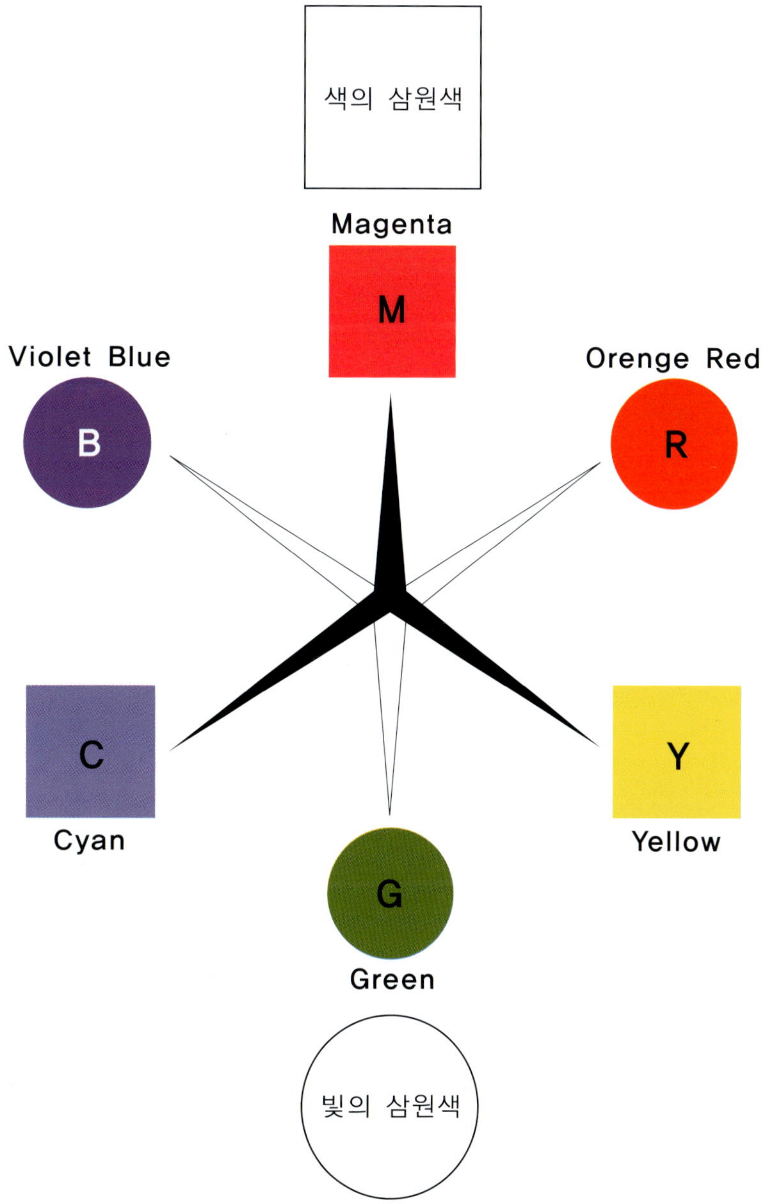
색의 삼원색
Magenta
M
Violet Blue
B
Orenge Red
R
C
Cyan
Y
Yellow
G
Green
빛의 삼원색

4. 색 혼합의 이해

(1) 빛의 삼원색(가산혼색, 가법혼색)

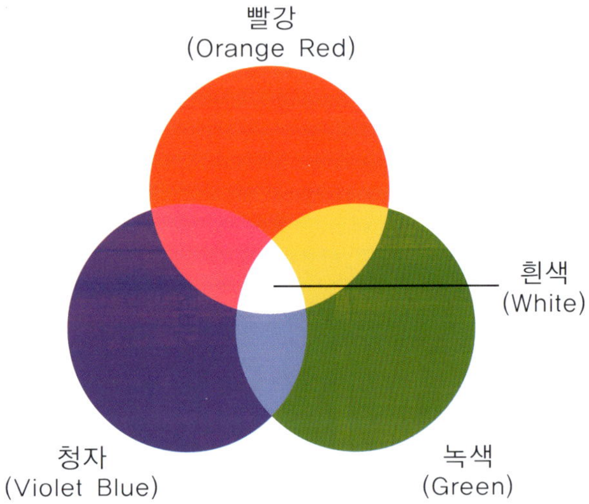

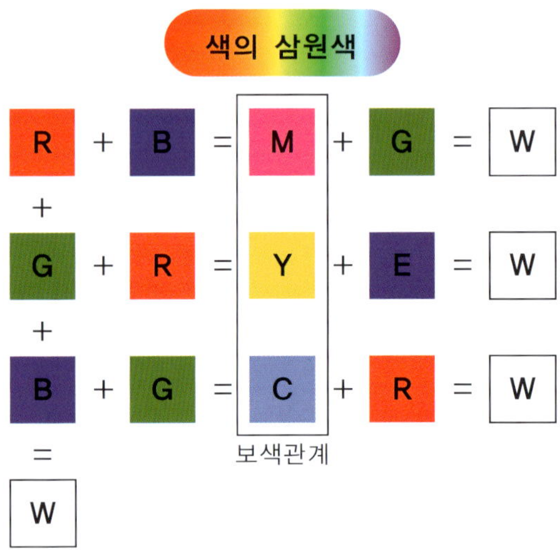

(2) 색의 삼원색(감산혼색, 감법혼색)

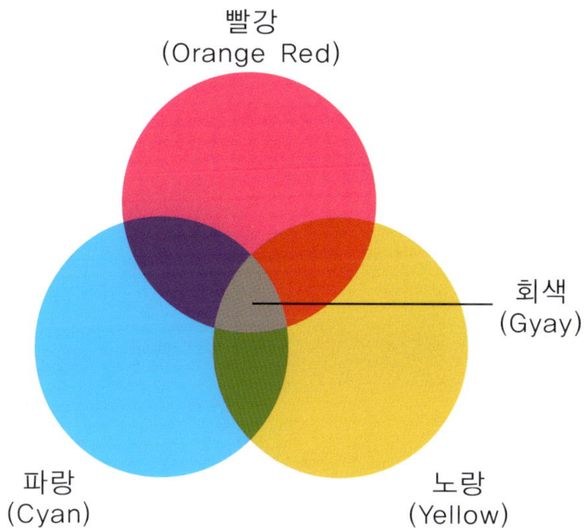

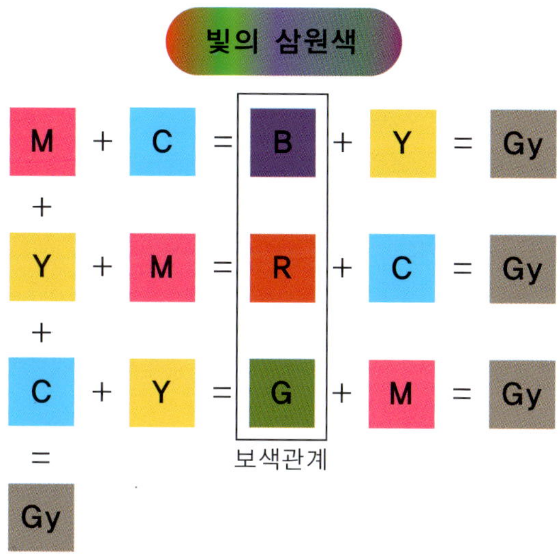

Lesson 4

색채실습 : 색의 대비

학습목표

- 색의 대비현상에 대해 알 수 있다
- 색상대비, 명도대비, 채도대비, 보색대비, 면적대비표를 완성한다.

[실습준비물]

- 색상환표 (색종이), 가위, 풀

[색의 대비]

1. 색상대비

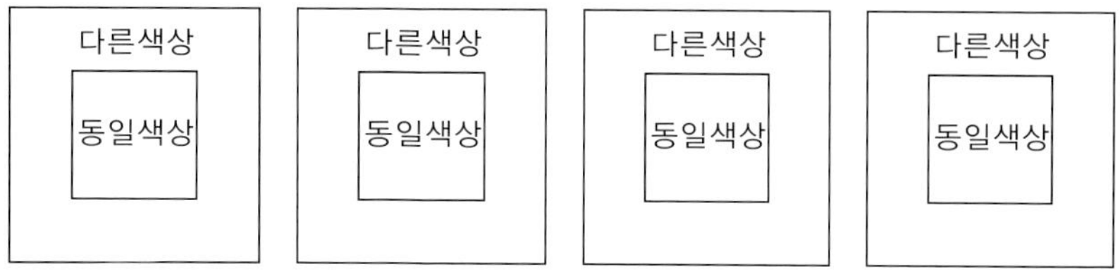
다른색상
동일색상
다른색상
동일색상
다른색상
동일색상
다른색상
동일색상

2. 명도대비

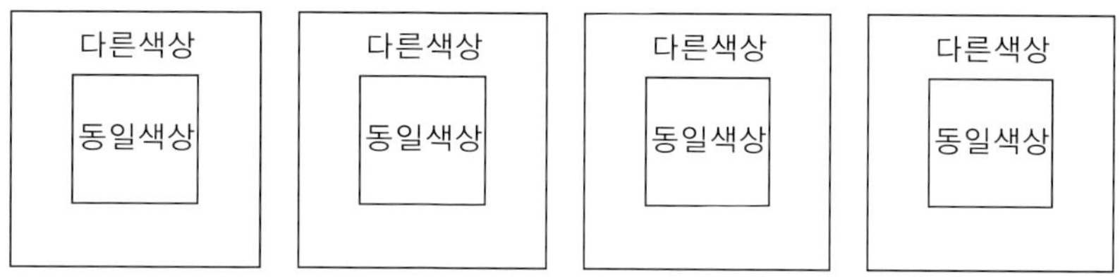
다른색상
동일색상
다른색상
동일색상
다른색상
동일색상
다른색상
동일색상

3. 채도대비

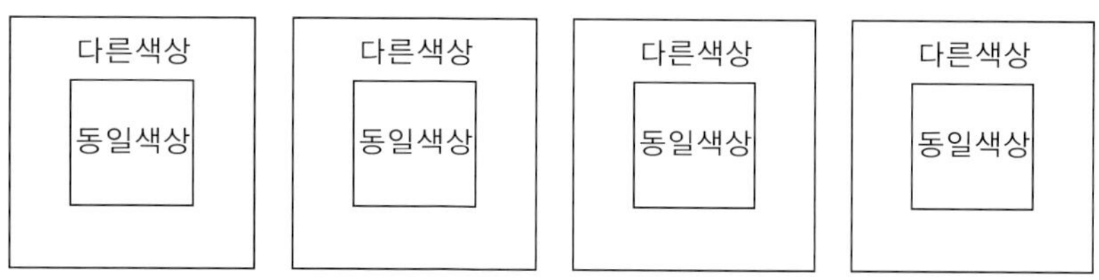
다른색상
동일색상
다른색상
동일색상
다른색상
동일색상
다른색상
동일색상

4. 보색대비

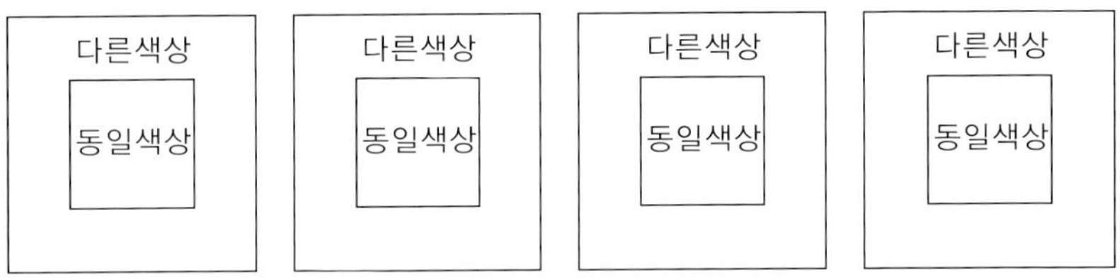

5. 면적대비

Lesson 5

색채실습 : 12색상환

학습목표

- 1차색, 2차색, 3차색을 이해한다.
- 12색상환을 완성한다.

[실습준비물]

- 개인 : 백모웨프트 13개, 수건, 앞치마, 장갑
- 조별 : 산성컬러(레드, 블루, 옐로우), 랩, 염색붓 13개, 분무기, 매직(팬), 타이머, 헤어드라이기, 매직기, 스카치테이프, 가위, 샴푸, 린스

[12색상환 실습방법]

	색 상 명	혼 합 방 법
1차색		
2차색		
3차색		
기타		

12색상환표

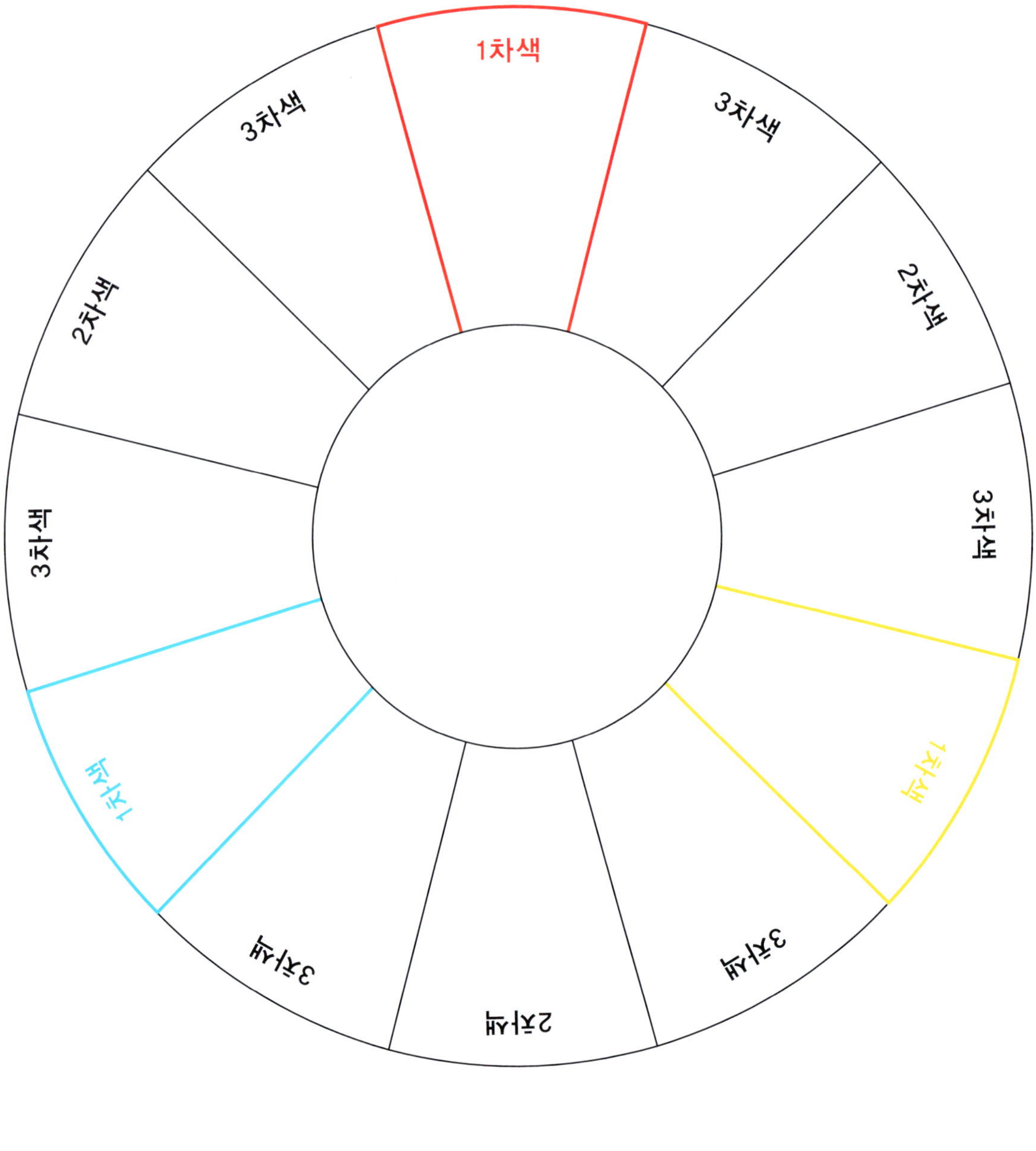

색채실습 : 보색중화

학습목표

- 보색효과에 대해 알 수 있다.
- 보색 실습표를 완성한다.

[실습준비물]

- 개인 : 백모웨프트 6개, 염색붓 6개, 수건, 앞치마, 장갑
- 조별 : 산성컬러(웜–톤3개, 쿨–톤3개), 랩, 분무기, 매직(팬), 타이머, 헤어 드라이기, 매직기, 스카치테이프, 가위, 샴푸, 린스

보색이란? 색상환에서 서로 마주보고 있는 위치의 색

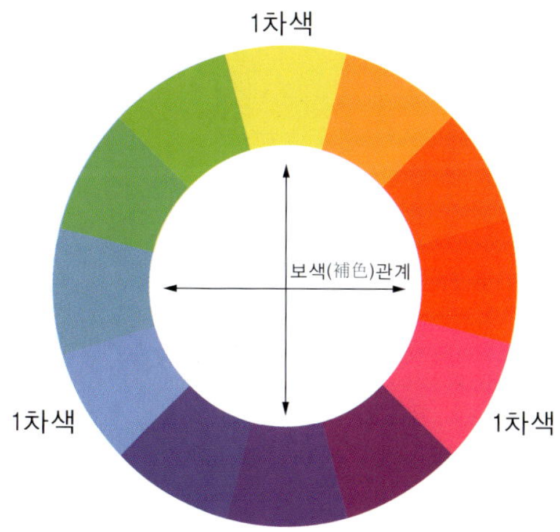

1. 강조효과

2. 중화효과

※ 실습방법 :

보색 실습

베이스 색상	웜-톤			쿨-톤		
보색 색상						

Lesson 7

색채실습 : 톤 표

학습목표

- 톤과 이미지에 대해 알 수 있다
- 톤표를 완성한다.

[실습준비물]

- 개인 : 산성컬러, 백모웨프트 7개, 염색붓 7개, 수건, 앞치마, 장갑
- 조별 : 산성컬러(무색, 블랙, 미듐그레이), 랩, 분무기, 매직(팬), 타이머, 헤어드라이기, 매직기, 스카치테이프, 가위, 샴푸, 린스

톤의 이해 명도와 채도의 복합개념으로 동일한 색상에서도 명암, 강약, 농담 등 상태의 차이가 있다.

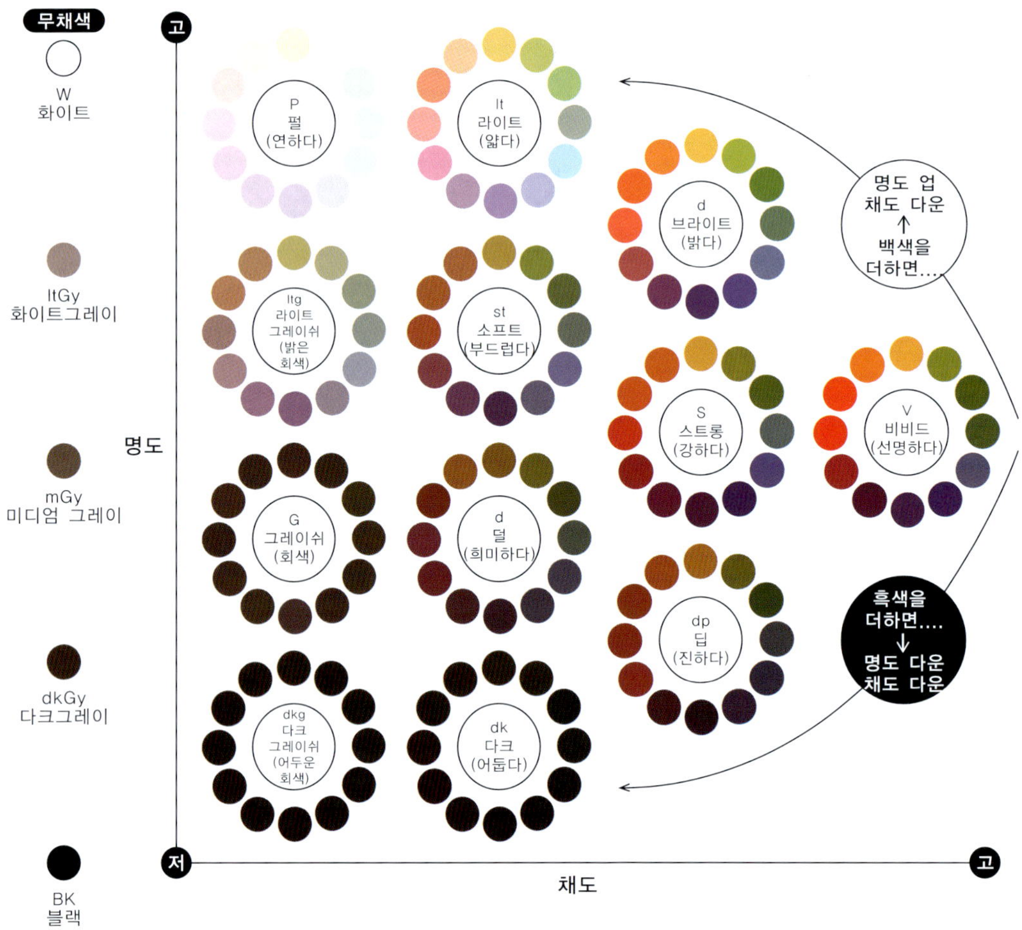

톤표

③VIVID+W=1:30	②VIVID+W=1:10	
⑤VIVID+M−G=1:5	④VIVID+M−G=3:1	①VIVID
⑦VIVID+B=1:1	⑥VIVID+B=5:1	

Lesson 8

중간고사

학습목표

[이론시험]

- 1–7주간 학습한 내용 테스트

[스터디 가이드]

1. 모발 이론
   A. 모발의 구조 및 특성
   B. 모발과 pH와의 관계

2. 색채 이론
   A. 색의 삼속성 및 삼원색 설명
   B. 2차색과 3차색 설명
   C. 보색효과 설명

- 해당 컨텐츠를 충분히 이해할 수 있어야 한다.
- 해당 컨텐츠를 논리적으로 서술 할 수 있어야 한다.
- 시험은 교실에서 진행된다.

Lesson 9

염색 기초이론

학습목표

- 염모제의 종류 및 특성을 알 수 있다.
- 염모제의 색명을 읽을 수 있다.

1. 염모제의 종류

(1) 지속시간에 따른 분류

① 일시적 염모제

특　징	
적용범위	
종　류	

② 반 영구적 염모제

특　징	
적용범위	
종　류	

③ 준 영구적 염모제

특　징	
적용범위	
종　류	

④ 영구적 염모제

특　징	
적용범위	
종　류	

(2) 특성에 따른 분류

① 유성 염모제

특 징	
적용범위	
종 류	

② 식물성 염모제

특 징	
적용범위	
종 류	

③ 금속성 염모제

특 징	
적용범위	
종 류	

④ 합성 염모제

특 징	
적용범위	
종 류	

2. 염모제의 작용 원리

(1) 알칼리 산화염모제

특징 및 작용원리	
적용범위	
1제 성분	
2제 성분	

알칼리산화염모제의 시간변화에 따른 작용

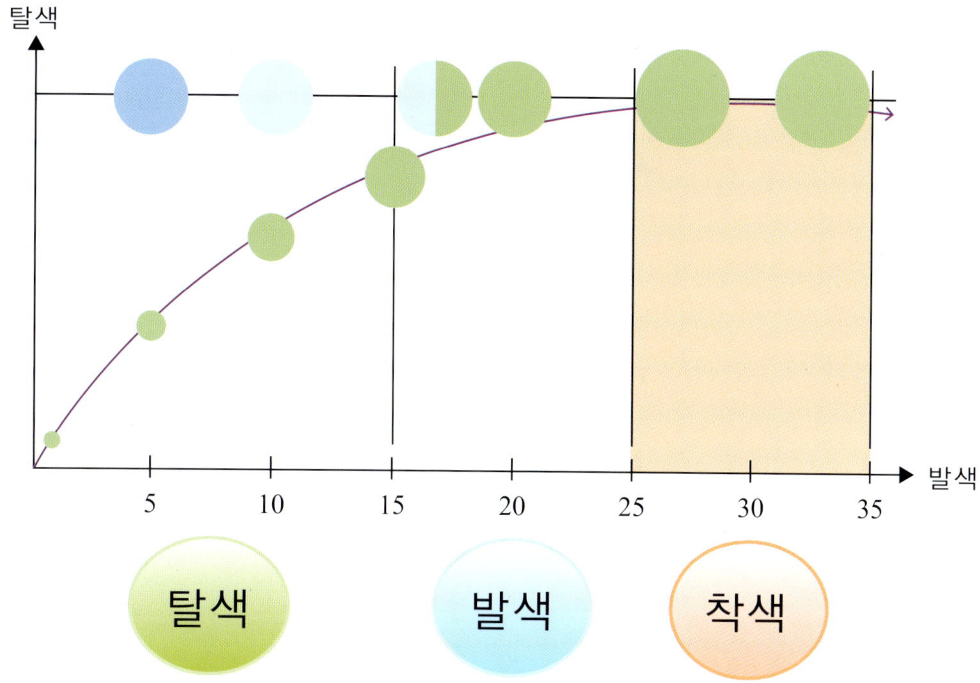

(2) 2제(과산화수수소)의 종류 및 특성

특징 및 작용원리	
3% (10Vol)	
6% (10Vol)	
9% (10Vol)	

(3) 산성염모제의 특징 및 작용 원리

3. 알칼리산화염모제의 색명

(1) 명도의 이해

자연모 명도 10단계

블리치 레벨 10단계

ICC코드	자연모 레벨		블리치 레벨	
10.0				
9.00				
8.00				
7.00				
6.00				
5.00				
4.00				
3.00				
2.00				
1.00				

(2) 반사빛의 이해

염모제는 삼원색의 조합에 따라 다양한 반사빛을 갖게 되는데 이는 각 염모제 제조회사별로 숫자나 영문의 앞 글자를 이용해서 표기한다.

WELLA-KOLESTONPERFECT

표시기호	1	2	3	34	4	44	45	5	6	7	8	88	0/2	0/3	0/4	0/8
반사 빛	Ash	Matt	Yellow	Orange Yellow	Red Brown	Red Copper	Red Mahogany	Red Violet	Blue brown	Gold Brown	Pearl	Blue Silver	Green	Yellow	Red	Blue

hoyu-PROMASTER EX

N	B	MT	A	M	L	G	W	C	CO	RC	R	RV	P	V	VA	AC
Natural	Brown	Mono Ton	Ash	Matt	Lime	Gold	Warm	Copper	Copper Orange	Red Copper	Red	Red Violet	Plum	Violet	Violet Ash	Accent Color

amos-Colorgenic N

0	1	2	3	4	5	6	7
Natural	Ash	Matt	Gold	Copper	Red	Mahogany	Violet

(3) ICC(국제 컬러 코드시스템) 명명법

각 사의 컬러챠트에 표시되어 있는 숫자(영문)의 조합은 .(/)앞의 숫자는 명도를 나타내며 .(/)뒤의 숫자(영문)은 반사빛을 나타내는 것을 의미한다.

[예] 아모스사의 컬러제닉 N의 염모제 색명

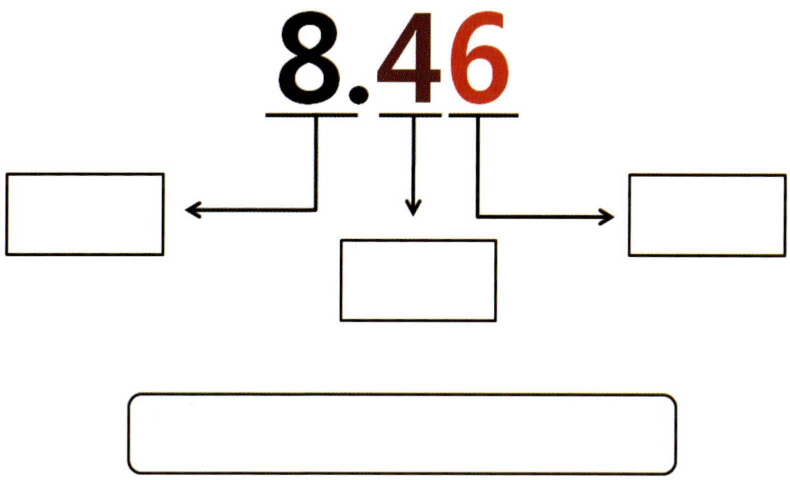

Lesson 10

탈색테크닉 : 레벨스케일 실습

학습목표

- 탈색 시간과 횟수에 따른 모발명도의 변화를 이해한다.
- 블리치 레벨 스케일표를 완성한다.

[실습준비물]

- 개인 : 자연모웨프트 6개, 수건, 앞치마, 장갑
- 조별 : 탈색제, 6%산화제, 랩, 염색붓 4개, 분무기, 매직(팬), 타이머, 헤어드라이기, 매직기, 스카치테이프, 가위, 샴푸, 린스

탈색이란?

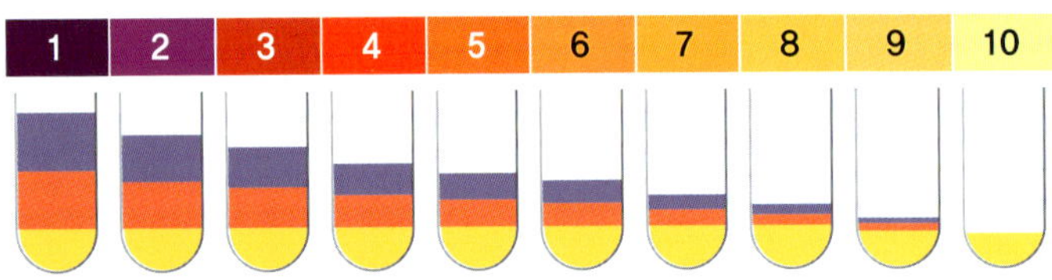

탈색제를 모발에 도포하여 시간이 흐르면 초기에는 유멜라닌을 제거하며, 점차 페오멜라닌만 남게 되어 노란색으로 나타낸다.

탈색의 종류

탈염이란?

탈염의 종류

블리치 레벨스케일

실습방법:

방치시간										
레 벨	1Lv	2Lv	3Lv	4Lv	5Lv	6Lv	7Lv	8Lv	9Lv	10Lv

Lesson 11

염색테크닉 실습

학습목표

- 모발의 손상도, 길이, 염색상태 등에 따른 도포테크닉을 실습한다.

1. 염색 도포방법

(1) 도포순서

블로킹	
도포순서	
약재도포	

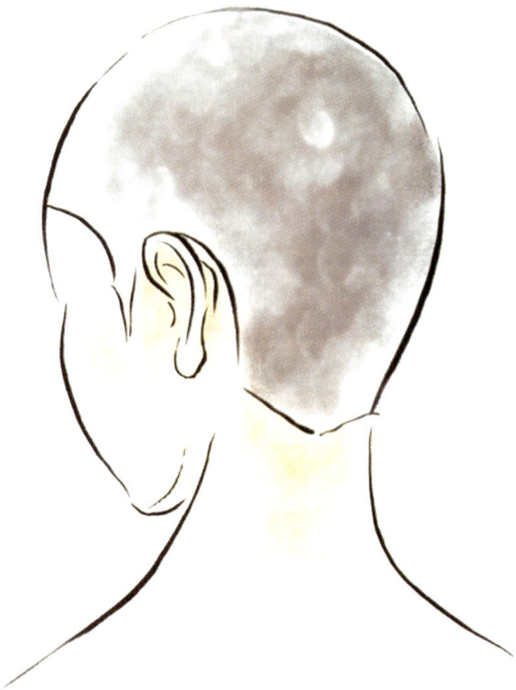

(2) 브러시의 각도

(3) 뿌리 도포테크닉

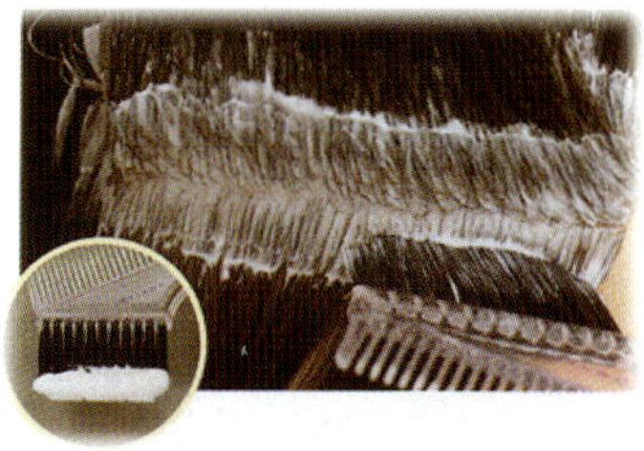

두피에 얹듯이 꼼꼼히 도포	
장점	
단점	

두피에 닿지 않게 최대한 두피 가까이 도포	
장점	
단점	

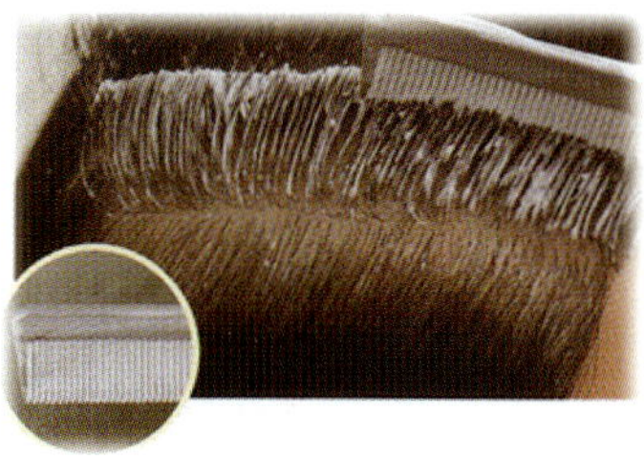

촘촘한 빗을 이용해서 두피에 닿지 않게 두피가까이 도포	
장점	
단점	

2. 모발 상태에 따른 염색 도포방법

(1) 버진헤어 톤 업 염색

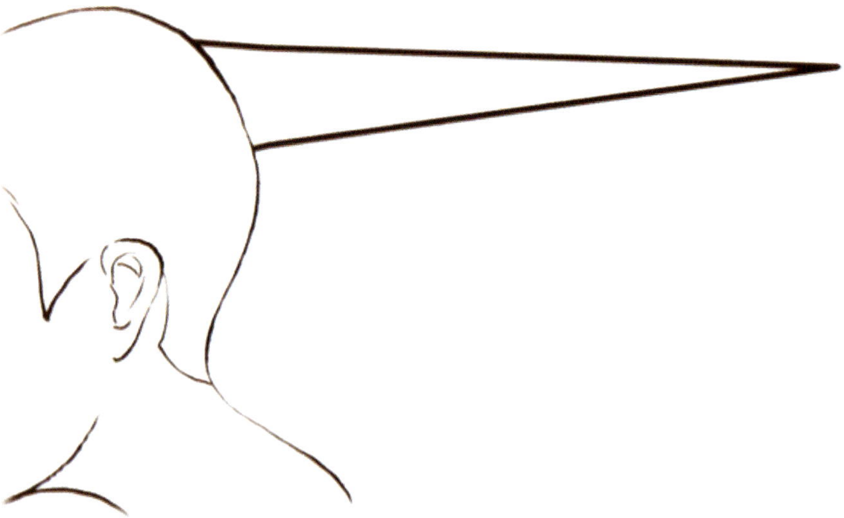

(2) 염색모발 리터치 염색

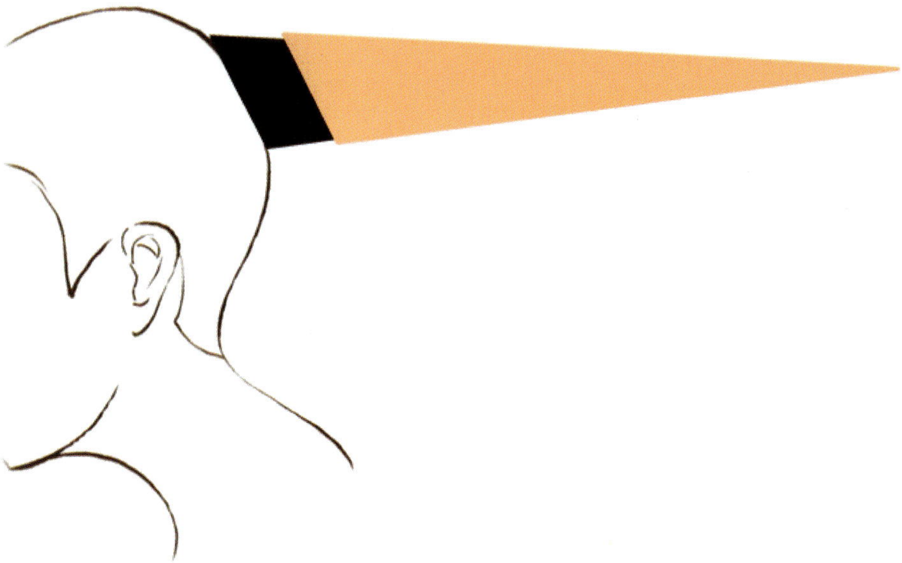

Lesson 12

헤어컬러트랜드 연구 및 계획

학습목표

- 최신 컬러트랜드를 조사하여 헤어컬러디자인을 연구한다.
- 고객과의 상담을 통해 헤어컬러디자인을 할 수 있다.

1. 최신 컬러 트랜드 조사

트랜드 1	
이미지	컬러트랜드 설명
출 처 :	

트랜드 2	
이미지	컬러트랜드 설명
출 처 :	

2. 헤어 컬러 디자인 연구

디자인 모티브 1	
이미지	모티브 설명
출 처 :	

디자인 모티브 2	
이미지	모티브 설명
출 처 :	

3. 고객 상담법

상 담

- 염색시술에 있어 가장 중요한 단계
- 충분한 시간을 가지고 고객과 상담
- 컬러챠트, 잡지 등을 이용한 상담
- 모발상태가 어떠한지를 체크하여 어드바이스 해주고 정확한 컬러이미지 파악
- 고객의 라이프스타일 및 퍼스널컬러 파악

필수 체크 포인트

- 화학제품의 사용 여부
- 알칼리산화염색 및 기타 염색시술 여부
- 어두운색조(블랙 등)이 시술여부
- 마지막 염색시술 시기

(1) 고객 상담

① 고객의 요구사항

② 고객의 요구사항을 토대로 컬러 디자인 제안

(2) 염색 전 모발 진단

신생부의 길이	
신생부의 명도/컬러	
기염부의 길이	
기염부의 명도 / 컬러	
백모분포	전체 모발의 ( )%
모발 손상정도	극손상모 / 손상모 / 보통모 / 건강모 / 강모
모발 굵기	굵은모 / 보통모 / 가는모
화학적 시술여부	有(펌 개월 전, 염색 개월전) / 無
기타	임신, 출산, 생리, 탈모 등 특이체질
패치테스트	

모발상태	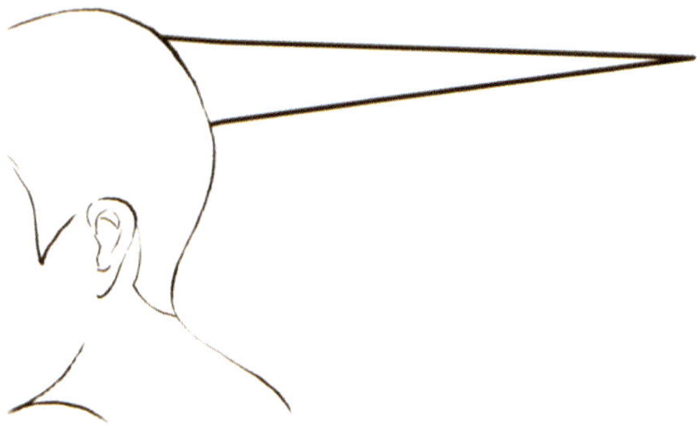

(3) 염색 시술 계획

염모제의 선택	
산화제의 선택	
혼합	
블로킹	
섹셔닝	
도포테크닉(슬라이싱/위빙)	

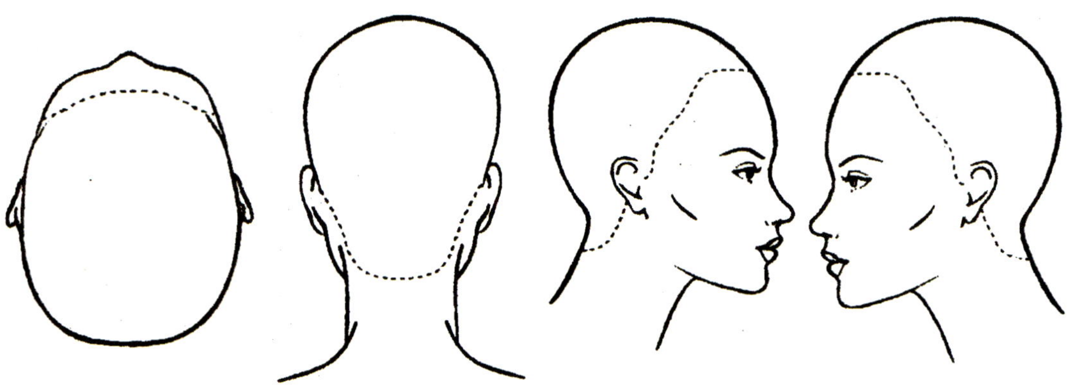

타이밍 스케쥴	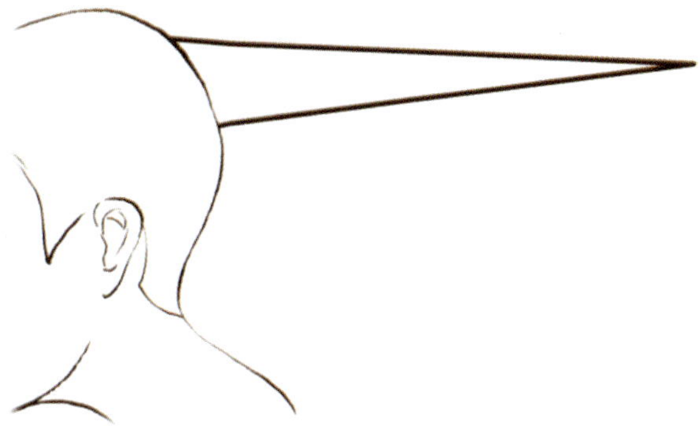
사전처리	
도포순서	
방치시간	
사후처리	

Lesson 13

디자인 실습

학습목표

- 헤어컬러디자인에 따른 작품을 완성한다.

1. 실습과정

항목	이미지	항목	이미지
블로킹 및 섹셔닝 이미지		컬러테스트 이미지	
염색도포 이미지 1			
염색도포 이미지 2		샴푸 이미지	

2. 결과 비교

	앞 면	옆 면	뒷 면
염색 전			
염색 후			

3. 결과 분석

Lesson 14

기말고사

학습목표

- 제한 시간내에 주어진 헤어컬러링을 시연할 수 있다.

점검 포인트
1. 준비 • 작업장 • 본인 복장 및 위생 2. 적합한 시술절차 • 계획 • 헤어 컬러링 시술 절차 3. 안전 & 위생적인 실습 • 안전한 시술 • 도구와 작업장의 위생(시술 전, 중, 후) 4. 적합한 테크닉 • 적합한 테크닉 선택 • 도구와 테크닉의 적합한 혼용 5. 완성미 • 시술계획에 따른 결과의 완성도 • 컬러디자인의 조화 6. 정리 정돈 • 청소 • 정리